武汉辛亥革命博物馆 新馆

CADI

陆晓明 主编

中国建筑工业出版社

图书在版编目（CIP）数据

武汉辛亥革命博物馆（新馆）／陆晓明主编．— 北京：中国建筑工业出版社，2012.7
ISBN 978-7-112-14475-4

Ⅰ．①武… Ⅱ．①陆… Ⅲ．①辛亥革命－历史博物馆－建筑设计－武汉市 Ⅳ.①TU242.5

中国版本图书馆CIP数据核字(2012)第147161号

责任编辑：何　楠　刘　丹
责任校对：姜小莲　赵　颖

武汉辛亥革命博物馆（新馆）
CADI
陆晓明　主编

*

中国建筑工业出版社 出版、发行（北京西郊百万庄）
各地新华书店、建筑书店经销
北京雅昌彩色印刷有限公司

*

开本：965×1270毫米　1/16　印张：7¼　字数：200千字
2012年8月第一版　2012年8月第一次印刷
定价：100.00 元
ISBN 978-7-112-14475-4
(22535)

武汉辛亥革命博物馆（新馆）

编写单位	CADI 中信建筑设计研究总院有限公司				
编 委 会	叶 炜	郭 雷	温四清	董卫国	王 新	雷建平
	刘 斌	孙雁波	明锦郎	胡国民		
主 编	陆晓明					
设计团队	陈焰华	李传志	李 蔚	张重琛	李鸣宇	罗 淞
	丁 卯	胡陈华	谢胜球	杨 露	张 莉	张 伟
	蔡晓鹏	李 晶	邵国芬	胡文进	张 浩	张再鹏
	徐军红	赵振华	彭 媛	刘 芳		
编写团队	陆晓明	郭 雷	李鸣宇			
摄 影	施金忠	张广源	李 扬			
平面设计	李鸣宇	张 璠	王 成	孙吉强		
封面设计	李鸣宇					

本书编委会（排名不分先后）

谨以此书

献给中信建筑设计研究总院有限公司60华诞。

序言 FOREWORD

辛亥革命博物馆（新馆）的技术创新及文化意境

武昌是一座"依山傍水、开势明远"的古城，始建于1800多年前的三国时期，长久以来一直是华中地区重要的政治、文化中心和军事要地。辛亥革命在武昌首义一枪打响，成就了中国推翻帝制、建立亚洲第一个共和国的丰功伟绩，意义非凡。武昌成就了辛亥革命，同时辛亥革命的"首义精神"也永久地烙在了武昌的城市名片上。

转瞬百年，社会发展日新月异，我们需要一座博物馆去记录伟大的辛亥革命，去向子孙传承"勇立潮头、敢为人先、求新求变"的首义精神。中信建筑设计研究总院的设计师们不负众望，成功推出新馆设计，很好地诠释了"首义精神"，值得赞赏。

辛亥革命博物馆（新馆）特殊的地理位置和规划条件对建筑师来说是难点也是机遇。用地位于重要的文化区——首义板块内，如何既保证建筑单体标志性又与环境协调统一，是本项目的一大难点。建筑师通过两条景观视廊与首义纪念中轴线的关系，自然形成了一个正三角形构图，同时，面对红楼的北面局部内收，与U字形的红楼形体在空间上形成围合，在形式上产生对话关系，体现100年前后历史的呼应与对位。

造型融合现代手法与"首义精神"为一体成为了设计的另一大难点。建筑师发掘不同材料的魅力，外墙采用粗糙的表面肌理，利用自然雕琢、风化的纹理，创造出"破土而出、浑然天成"的艺术效果。缓坡台基与三角形形体之间通过玻璃过渡，造成视觉上的冲击感，象征着冲破封建束缚，敢为人先的"首义精神"。

中信建筑设计研究总院有限公司近年来设计了大量的博物馆建筑，积累了丰富的实践经验，已经成为博物馆建筑设计的佼佼者。在辛亥革命博物馆（新馆）的设计过程中，他们如鱼得水、游刃有余，创造了既能体现革命精神又能与城市和谐共处的优秀博物馆建筑。

2011年10月10日，纪念辛亥革命100周年的活动圆满成功，辛亥革命博物馆（新馆）得到了大众的认可，成为人们喜欢的标志性建筑。作为武汉城市重要的组成部分之一，这座建筑在今后的岁月里必将发挥长远的功效。

何玉如

全国工程勘察设计大师

概述 INTRODUCTION

营造纪念氛围 展现首义精神

Carrying Forward the Spirit of XINHAI, Creating an Atmosphere of Commemoration

1911年10月10日于湖北武汉爆发的辛亥革命是中国历史上具有深远影响和特殊政治意义的事件。为迎接辛亥革命100周年，2008年7月，武汉市政府决定同时以国际征集的方式征集辛亥革命博物馆（新馆）和首义南轴线城市设计方案。我们的设计团队所提交的设计方案获得第一名并作为实施方案。该项目用地范围在现有辛亥革命博物馆（红楼）用地以南，北靠彭刘杨路（广场南路）、西临体育街、南至紫阳路、东抵楚善街，用地规模约14.6公顷。博物馆（新馆）建筑规模为22000平方米。

本次规划设计地块处于武昌旧城范围的几何中心位置，首义中轴线贯穿整个地块。为了进一步强化首义纪念中轴线，规划采用中国传统的中轴对称式空间布局，其空间序列自北向南依次为蛇山、红楼、首义文化园、景观水池、纪念广场及纪念碑、博物馆（新馆）、纪念公园、紫阳湖，构筑面山（蛇山）背水（紫阳湖）的空间格局，使整条首义中轴线更为突出。

南轴线城市设计规划之初，我们想到了利用中轴线以增强其纪念性，命名为时间轴；同时发现如果仅有时间轴，轴线空间显得呆板。深入设计后提出折线形态的事件轴，两轴相互穿插，轴线空间丰富饱满。

对于南轴线中最重要的单体——博物馆，其平面形状的确定至关重要。从整个城市及景观视线等方面着手分析判断，确定适当的博物馆形体成了主要任务。基地所处的首义文化园及其周边地区，除辛亥首义遗迹外，还荟萃了蛇山、黄鹤楼等著名的自然与人文景观。地块北面的蛇山既是区域制高点，同时也是最佳观赏点。方案保留了基地与蛇山重要景点的景观视廊联系，形成了"轴线——黄鹤楼"、"轴线——蛇山炮台"两条景观视廊。景观视廊保证视线的通达，使人与景观保持良好的视觉联系。同时"景观视廊与开敞空间的组织有助于加强城市主要景点与最佳观赏点的有机联系，为城市空间赋予层次感和特色感。"

两条景观视廊与首义纪念中轴线相交，自然形成了一个正三角形构图。在柏拉图体中，正三角形本身就被赋予向上、进取的意味，既与辛亥革命的精神——"求新求变、勇立潮头、敢为人先"相对应，又令人联想到 "彭刘杨三烈士"、"武汉三镇"等一系列与辛亥革命相关的历史人物事件和地理文化。同时，三角形这一变异的三合院布局形式又与旧馆（红楼）的平面布局遥相呼应。因此，整个建筑平面轮廓和外形均以"正三角形"作为母题。

辛亥革命博物馆（新馆）是一个历史主题鲜明、反映辛亥革命全过程的历史纪念馆。这种历史事件型博物馆与一般城市博物馆不同之处在于，建筑主题的表达首先是"主题鲜明、立意高远"、"激发人们对纪念主题的情绪感知，引发观众情感上的共鸣"。

建筑设计以"勇立潮头、敢为人先、求新求变"为核心的首义精神为构思重点，"大音希声、大象无形"，强调整体环境和氛围的创造。

建筑造型融现代手法与首义精神为一体。采用具有雕塑感的造型，塑造出刚毅、挺拔的视觉效果。建筑外墙采用粗糙的表面肌理，利用自然雕琢、风化的纹理，创造出整个建筑"破土而出、浑然天成"的艺术效果。缓坡台基与三角形形体之间不是直接连接，而是采用玻璃作为过渡，造成视觉上的冲击感，象征着冲破封建束缚，敢为人先的首义精神。同时"V"字形的形体削弱了三角形的体量，缓坡台基减少了建筑物的高度感，使建筑体量与高度同红楼、蛇山及周边建筑相协调，营造出肃穆、凝重的纪念风格。

整个建筑功能布局分为南北两个区：北区布置了展览陈列功能和观众服务功能，与旧馆红楼相呼应，平面布置上利用"V"字形两翼布置展厅，确保展厅空间相对规整；南区布置了技术办公功能和藏品存贮功能，既相对独立又联系方便。普通观众、贵宾、办公、货物均独立设置了出入口及相应的停车场。

建筑将一层置于缓坡之下，既不影响建筑的功能和使用，又创造出"高台、空灵"的建筑形象；二层的室外展场和景观通道确保了首义文化区南北轴线的延伸与通透。

建筑空间是建筑师的语言，设计中运用叙事空间的手法，试图通过建筑语言向公众讲述辛亥革命这一特定历史事件的发生、发展、高潮和结束，力图使博物馆成为戏剧性的、蒙太奇式的场所，整个展馆就是一首献给辛亥革命的空间叙事诗。为此我们尝试设计了一条"体验式"流线：

观众从室外下5.4米进入序厅，引领观众完成从喧嚣——宁静——思考的心理体验；整个入口序厅被覆于缓坡之下，刻意塑造出一种暗示革命前的黑暗统治及腥风血雨的气氛；当观众向上进入二层，感受的是革命呈现螺旋上升的艰辛历程；二层展厅结合室外展场，将自然光引入室内，达到一种"柳暗花明又一村"的空间感悟，领略的是革命的爆发和突变的历史进程；三楼为博物馆的最高处，南侧的露台视野开拓，可以眺望整个南广场和紫阳湖，体验的是革命达到高潮的无限风光。观众在参观过程中"见之于行、感受于心"，精神世界得以升华。

每个展示空间均通过"桥"的形式与休息空间连接，将展厅的展示功能外化拓展，体现了建筑空间与布展空间的融合与烘托。水平与竖向空间相互穿插，错落有序、步移景异，形成了极其丰富的空间体验。两者间设置了2.7米宽、3层通高的光庭，充分利用自然采光达到室内外空间的水乳交融和协调统一。自然光从天窗自上而下撒入室内，在展厅外墙上形成时异景异、变化无穷的光影效果。

辛亥革命博物馆（新馆）建筑设计及首义南轴线城市设计是一种探索与尝试。希望通过特有的建筑语言及空间布局，表达建筑师在建筑创作过程中对于辛亥革命这一特定历史事件的态度及思考——绝不只是为了创造一种迥异的建筑形式，而是将强烈的象征意义融入建筑创作的理性表达。

陆晓明
中信建筑设计研究总院有限公司总建筑师
中国建筑学会建筑师分会理事
湖北土建学会建筑师分会常务理事

目录 CONTENTS

辛亥百年

1911年10月10日于湖北武汉爆发的辛亥革命是中国历史上有深远影响和特定政治意义的事件。为迎接2011年辛亥革命100周年，促进社会主义精神文明建设，满足广大市民日益增长的文化和知识需求，更好地创造一个全新的城市空间，打造武昌辛亥首义的世界名片，2008年7月，武汉市政府决定在武汉首义文化区建设辛亥革命博物馆（新馆）和首义南轴线项目。

辛亥革命博物馆远景

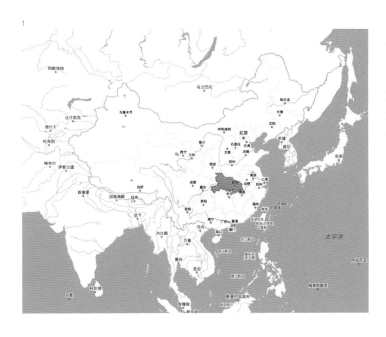

项目背景

　　辛亥革命博物馆（新馆）以纪念辛亥革命100周年为契机，努力建设成为武汉市文化历史展示和精神文明建设的重要基地。博物馆将建设成为一个集历史展示、学术交流、科研办公和综合服务等功能于一体的现代化、智能化、安全环保、具有鲜明时代特征和武汉人文精神的博物馆。

1 武汉市的区域位置
2 项目位置
3 辛亥革命博物馆全景

辛亥革命博物馆（新馆）用地范围在现有辛亥革命博物馆（红楼）用地以南，北靠彭刘杨路（广场南路）、西临体育街、南至紫阳路、东抵楚善街，用地规模约14.6公顷。博物馆（新馆）建筑规模约22000平方米。100年前，在武昌打响的辛亥革命的"第一枪"，充分体现了"勇立潮头、敢为人先、求新求变"的首义精神。为了纪念此事件而设计的辛亥革命博物馆也应是一座体现首义精神、风格独特的建筑。

4 博物馆旧址
5 红楼方向看博物馆
6 辛亥革命博物馆北入口夜景

项目概况

　　辛亥革命博物馆（新馆）位于现有辛亥革命博物馆（红楼）用地以南，北靠彭刘杨路（广场南路）、西临体育街、南至紫阳路、东抵楚善街。是武昌旧城范围的几何中心位置，用地规模约14.6公顷。

　　该用地周边交通设施较为齐备。目前首义文化园内的阅马场立交已完成通车，上下长江大桥的主车道在红楼前入地下穿过首义文化园，为双向四车道，隧道总长1165米，可使人车彻底分流，确保内环线畅通和首义文化园的完整性；新建长江大桥右转接彭刘杨路的下桥匝道，为武昌旧城区车流和下桥公交车辆服务，同时兼作隧道施工期的绕行通道；在红楼北侧、蛇山南侧新建两车道上桥匝道，主要作为武昌上桥公交车和旅游车通道；拓宽鼓楼洞，为蛇山以北地区车辆上桥提供便利。

　　用地北侧的广场南路，为原彭刘杨路东段，并且连通长江一桥下桥段和武珞路，经重新规划改造后为双向八车道，成为重要的城市主干道，也是主要的城市人流来源方向；用地南侧的紫阳路，同样为武

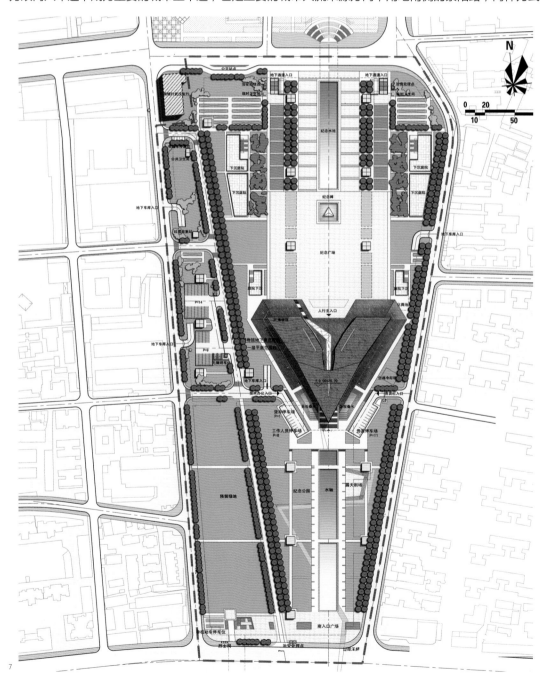

7

昌区重要的传统街道，经改造后，也为双向八车道城市主干道，紫阳路为南部人流主要来源方向。东西两侧的楚善街和体育路原为老城区小型街道，交通极其不便，经改造后为路宽15米的城市次干道，不仅便捷地连通了武珞路与紫阳路，而且极大地改善了周边地区的交通现状。

北侧用地范围内有城市公交站彭刘杨路站，为长江一桥武昌上桥段公交枢纽；用地南侧也邻近紫阳路公交站，在未来规划中，将有地铁4号线通至紫阳路，地铁紫阳路站与基地毗邻，因此，经规划改造后，本地块城市交通状况相对良好。

项目建设用地面积14.6公顷，净用地面积为13.02公顷，总建筑面积22142平方米，地上16076平方米，地下6066平方米（含地下车库2089平方米）。

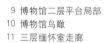

 9 博物馆二层平台局部
10 博物馆鸟瞰
11 三层缅怀室走廊

9

10

敢为人先

辛亥革命博物馆（新馆）历经两轮国际投标，加之其后深化设计过程中的数轮修改，布局方案和建筑造型的推演长达一年，最终以国际征集的方式，选择了优秀的设计方案。中信建筑设计研究总院有限公司和美国MCM设计集团联合体所提交的设计方案获得第一名并作为实施方案。

辛亥革命博物馆正入口广场

方案探索

从整个城市及景观视线等方面着手分析判断，确定适当的博物馆形体成了主要任务。地块北面的蛇山既是区域制高点，同时也是最佳观赏点。方案保留了基地与蛇山重要景点的景观视廊联系，形成了"轴线——黄鹤楼"、"轴线——蛇山炮台"两条景观视廊。景观视廊保证视线的通达，使人与景观保持良好的视觉联系。同时"景观视廊与开敞空间的组织有助于加强城市主要景点与最佳观赏点的有机联系，为城市空间赋予层次感和特色感。"

两条景观视廊与首义纪念中轴线相交，自然形成了一个正三角形构图。在柏拉图体中，正三角形本身就被赋予向上、进取的意味，既与辛亥革命的精神相对应，又令人联想到"彭刘杨三烈士"、"武汉三镇"等一系列与辛亥革命相关的历史人物事件和地理文化。因此，整个建筑平面轮廓和外形均以"正三角形"作为母题。同时，面对红楼的北面局部内收，与U字形的红楼形体在空间上形成围合、在形式上产生对话关系，体现100年前后历史的呼应与对位。

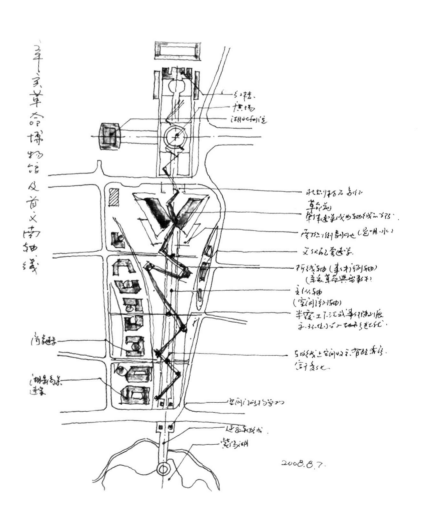

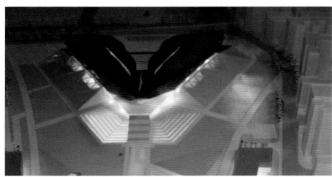

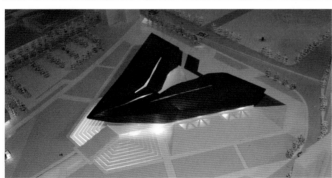

2

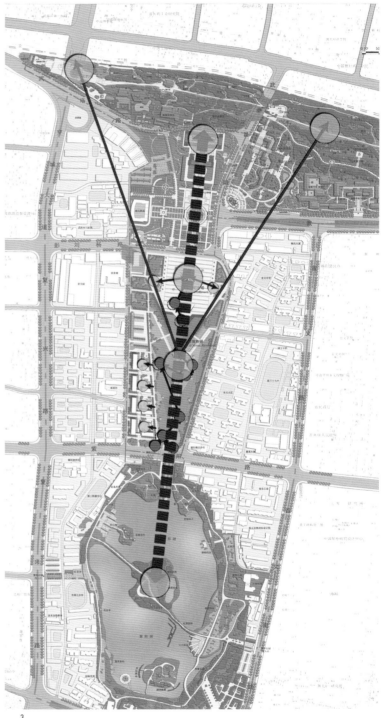

3

1 手绘构思图

2 博物馆实体模型照片

3 景观视廊与中轴线

4

充分挖掘武昌古城悠久文化内涵和独特山水资源优势，以弘扬首义精神为主线，打造辛亥革命国家级纪念重地和特色历史文化旅游区。坚持科学发展观，适应"两型社会"建设需要，符合城市长远发展需求。以"首义精神"为环境塑造的切入点，充分展现辛亥革命历史人文景观，提升纪念性城市公共空间的品质与价值。

从城市设计角度出发，通过地下空间将现有首义广场、辛亥百年纪念广场、博物馆以及附属文化设施联系起来，充分利用地下商业、文化、休闲等功能，考虑与周边地下空间相衔接以及分期建设的可能性。结合武昌区域位置和辛亥革命武昌起义的历史经过，打造两条旅游路线，提升武汉形象，改善市民生活，打造拉动周边经济发展的综合载体。北部纪念广场及博物馆为一期工程，于2011年建成；南部纪念公园及文化商业建筑结合地下文化商业空间为二期工程。最终建成完整的首义文化区，为城市增添新的活力。

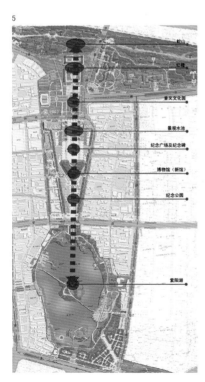

5

6

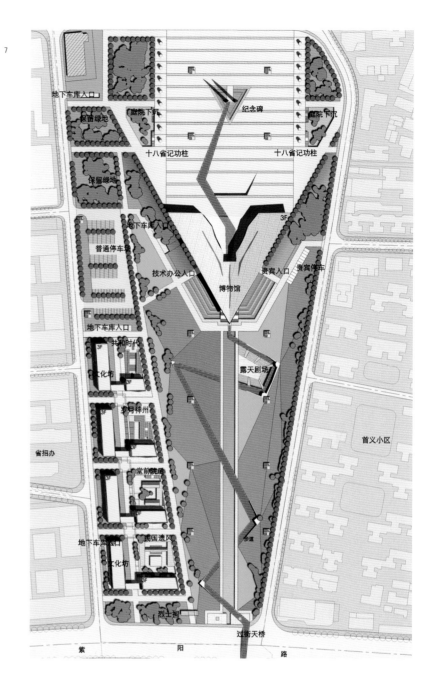

4、6 纪念广场地下空间入口
5 总平面及空间序列
7 构思总平面图
8 方案手绘图

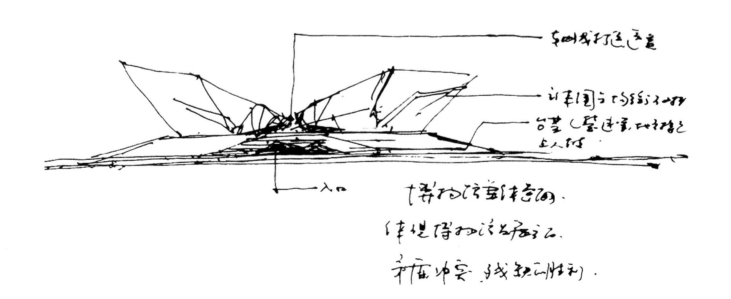

9　博物馆近景
10　贵宾出入口
11　观景平台天桥

石破天惊

　　最终实施方案如破土而出的顽石，建筑造型融现代手法与"首义精神"为一体，采用具有雕塑感的造型，塑造出刚毅、挺拔的视觉效果。建筑外墙采用粗糙的表面肌理，利用自然雕琢、风化的纹理，创造出整个建筑"破土而出、浑然天成"的艺术效果。缓坡台基与三角形形体之间不是直接连接，而是采用玻璃作为过渡，造成视觉上的冲击感，象征着冲破封建束缚，敢为人先的"首义精神"。同时"V"字形的形体削弱了三角形的体量，缓坡台基减少了建筑物的高度感，使建筑体量和高度与红楼、蛇山及周边建筑相协调，营造出肃穆、凝重的纪念风格。

辛亥革命博物馆南面效果图

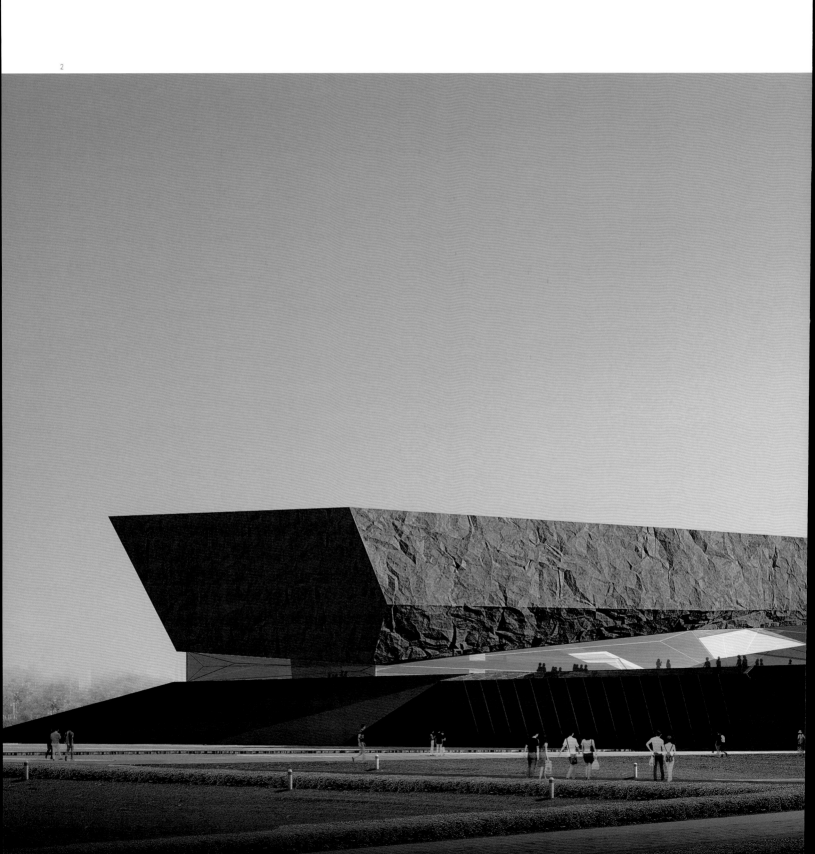

1 辛亥革命博物馆侧面效果图
2 辛亥革命博物馆正面效果图
3 辛亥革命博物馆鸟瞰图（后页）
4 辛亥革命博物馆鸟瞰效果图（后页）

胜利旗帜

建筑造型融现代手法与首义精神为一体。通过简洁的线、面关系，塑造出刚毅、挺拔的视觉效果。建筑平面轮廓和外形以"正三角形"为母题，表达出积极向上、锐意进取的意味。建筑外观具有标识性和象征性，"旗帜"、"飞翔"、"闪电"、"历史峡谷"等造型元素交相呼应，塑造出步移景异的视觉盛宴。建筑设计以"勇立潮头、敢为人先、求新求变"为核心的首义精神为构思重点，强调整体环境和氛围的创造。同时力求处理好与旧馆（红楼）以及周边城市环境的关系，实现与整个武昌老城区的景观相和谐，突出场所精神和意境的创造。

辛亥革命博物馆鸟瞰夜景

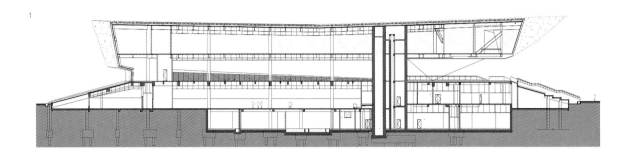

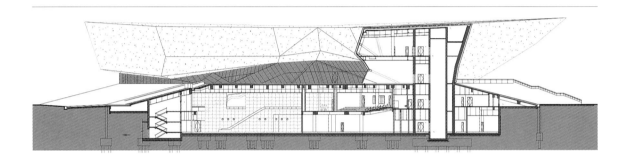

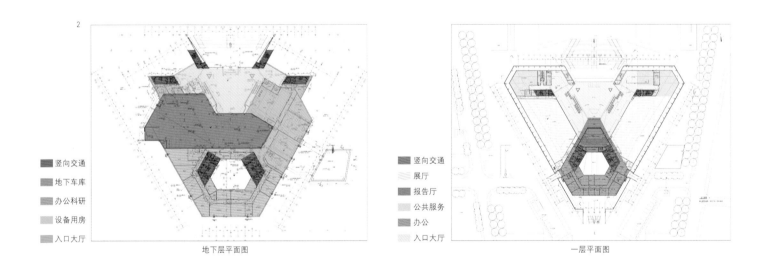

竖向交通
地下车库
办公科研
设备用房
入口大厅

地下层平面图

竖向交通
展厅
报告厅
公共服务
办公
入口大厅

一层平面图

建筑功能

　　整个建筑功能布局分为南北两个区：北区布置了展览陈列功能和观众服务功能，与旧馆红楼相呼应。"V"字形平面布局中展厅空间相对规整，有利于多样场景式展陈空间的布置。南区布置了技术办公功能和藏品存贮功能，既相对独立又联系方便。普通观众、贵宾、办公、货物均独立设置了出入口及相应的停车场，在满足使用舒适性的同时又做到了人车分流的设计理念。

　　建筑空间遵循初步布展方案提出的"以场景为主、文物为辅的方式展现辛亥革命波澜壮阔的历史过程"的使用要求，将整个展馆设计为一首献给辛亥革命的空间叙事诗。具体空间流线为：观众从室外下楼进入序厅体验辛亥主题雕塑；然后通过自动扶梯到达建筑一层，参观位于博物馆东侧的基本展厅；然后自上而下参观位于博物馆西侧的基本展厅；最后到达临时展厅（或由二层出口直接进入南广场）。

　　每个展厅前均设置了3层高的光庭，充分利用自然采光达到室内外的水乳交融与协调统一。每个展厅均通过"桥"的形式与休息厅连接，将展厅的展示功能外化拓展，体现了建筑空间与布展方案的融合与烘托。

1 博物馆剖面图
2 各层平面功能分析图

　　博物馆共分四层，设置了四项主要功能：辛亥革命历史展览（陈列区）；综合服务（观众服务区）；武汉近代史研究及学术交流（技术办公区）；辛亥革命文物存储（藏品库区）。同时还在地下室设置了设备用房区。

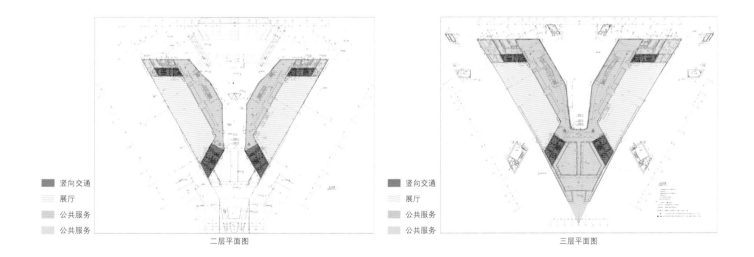

竖向交通　展厅　公共服务　公共服务

二层平面图

竖向交通　展厅　公共服务　公共服务

三层平面图

1. 展厅
根据初步布展需求，展厅设在博物馆1～3层。其中东区3层均为基本展厅；西边一层为多功能展厅，二、三层为专题展厅。

2. 序厅
序厅设在博物馆地下一层，观众从室外下楼进入序厅。序厅为2层通高。

3. 学术报告厅
学术报告厅设在建筑一层，可容纳200人（含一个残疾人坐席）。

4. 图书阅览室
图书阅览室分为书刊杂志区和电子阅览区，日接待人次分别为80人次和50人次。图书阅览室净面积为275平方米。书刊杂志区面积为200平方米，其中阅览区面积为125平方米，可同时容纳读者坐席数为36位；开架书库区面积为75平方米，设计开架书架为25个标准书架（书架宽度为0.95米，书架层数为6层），设计藏书量为550X25＝13750册。电子阅览区面积为75平方米，可同时容纳读者坐席数为24位。

5. 办公及贵宾用房
办公及贵宾用房设在建筑一层，并分别设置单独出入口。主要包括贵宾休息室1间；领导办公室5间；部门办公室7间；会议室1间。

6. 藏品库区用房
藏品库区用房设在地下一层，主要包括暂存库1间，各类藏品库房6间，文献档案室、照片室、鉴赏室、库房办公室和整理间各1间。

7. 地下停车场
地下停车场设在地下一层，停车数为46辆（含残疾人车位1辆），设置一个直通地面的车辆出入口。

3

3、4 室内展厅
5 数字模型剖面
6 室内展厅（后页）
7 博物馆二楼走廊（后
页2）

5

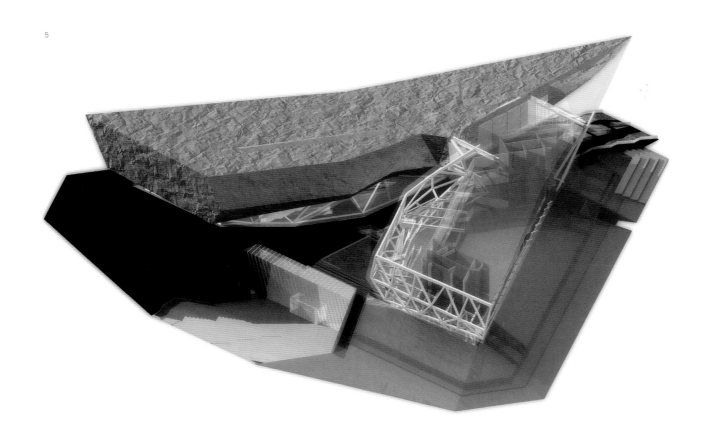

8、9、10、11、12、13、14、15　博物馆室内空间

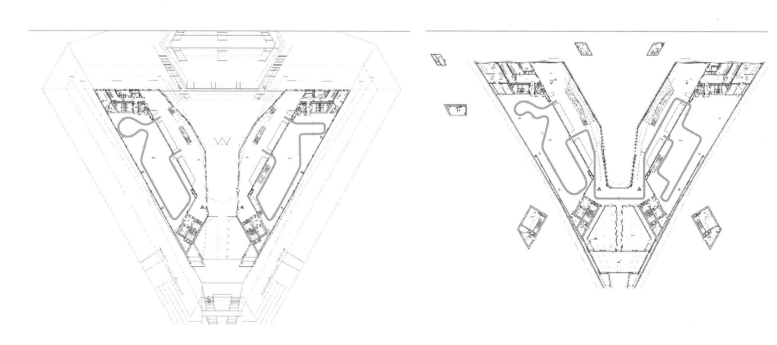

空间流线

　　建筑空间是建筑师的语言，设计中运用叙事空间的手法，试图通过建筑语言向公众讲述辛亥革命这一特定历史事件的发生、发展、高潮和结束。建筑入口的设计也是几易其稿，最后确定观众从北广场通过下沉的广场与台阶进入博物馆。

　　观众从室外下5.4米进入序厅，引领观众完成从喧嚣——宁静——思考的心理体验；整个入口序厅被覆于缓坡之下，刻意塑造出一种暗示革命前的黑暗统治及腥风血雨的气氛；当观众向上进入二层，感受到的是革命呈现螺旋上升的艰辛历程；二层展厅结合室外展场，将自然光引入室内，达到一种"柳暗花明又一村"的空间感悟，领略的是革命的爆发和突变的历史进程；三楼为博物馆的最高处，南侧的露台视野开拓，可以眺望整个南广场和紫阳湖，体验的是革命达到高潮的无限风光。观众在参观过程中"见之于行、感受于心"，精神世界得以升华。建筑师希望观众参观博物馆的过程，也能成为一种心灵体验的过程。

　　每个展厅前均设置了3层高的光庭，充分利用自然采光达到室内外的水乳交融与协调统一。每个展厅均通过"桥"的形式与休息厅连接，将展厅的展示功能外化拓展，体现了建筑空间与布展方案的融合与烘托。

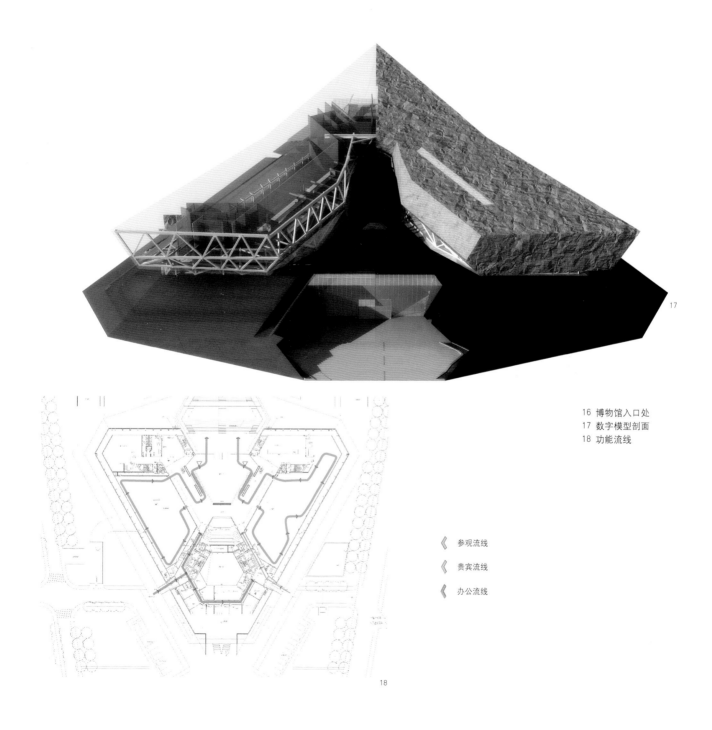

17

16 博物馆入口处
17 数字模型剖面
18 功能流线

《 参观流线

《 贵宾流线

《 办公流线

18

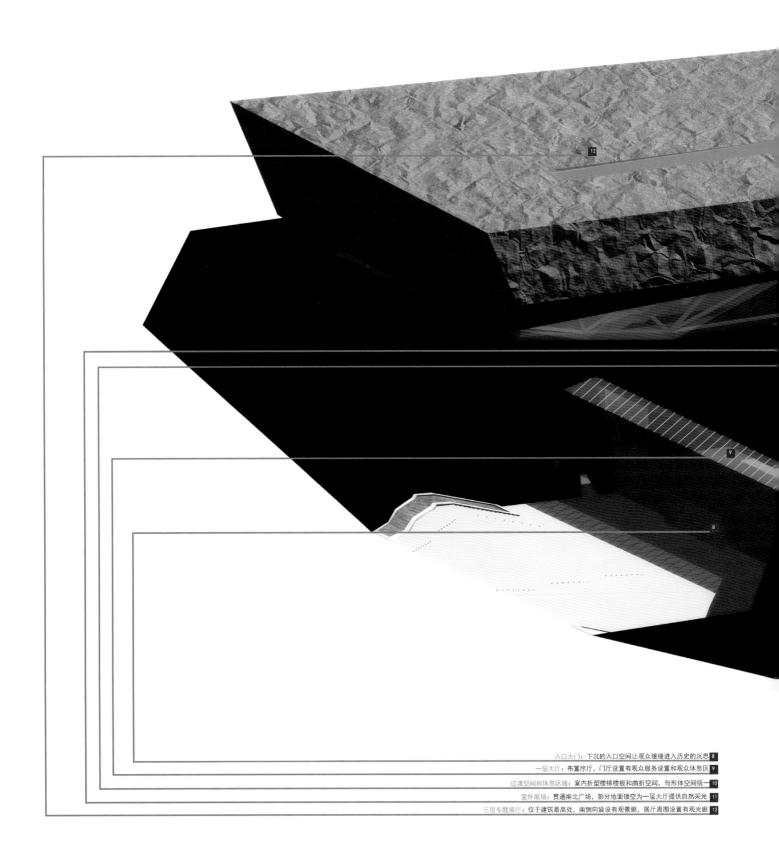

19

入口大门：下沉的入口空间让观众缓缓进入历史的沉思 **8**
一层大厅：布置序厅，门厅设置有观众服务设置和观众休息区 **9**
过渡空间和休息区域：室内折型楼梯楼板和曲折空间，与形体空间统一 **10**
室外展场：贯通南北广场，部分地面镂空为一层大厅提供自然采光 **11**
三层专题展厅：位于建筑最高处，南侧向皆设有观景廊，展厅周围设置有观光廊 **12**

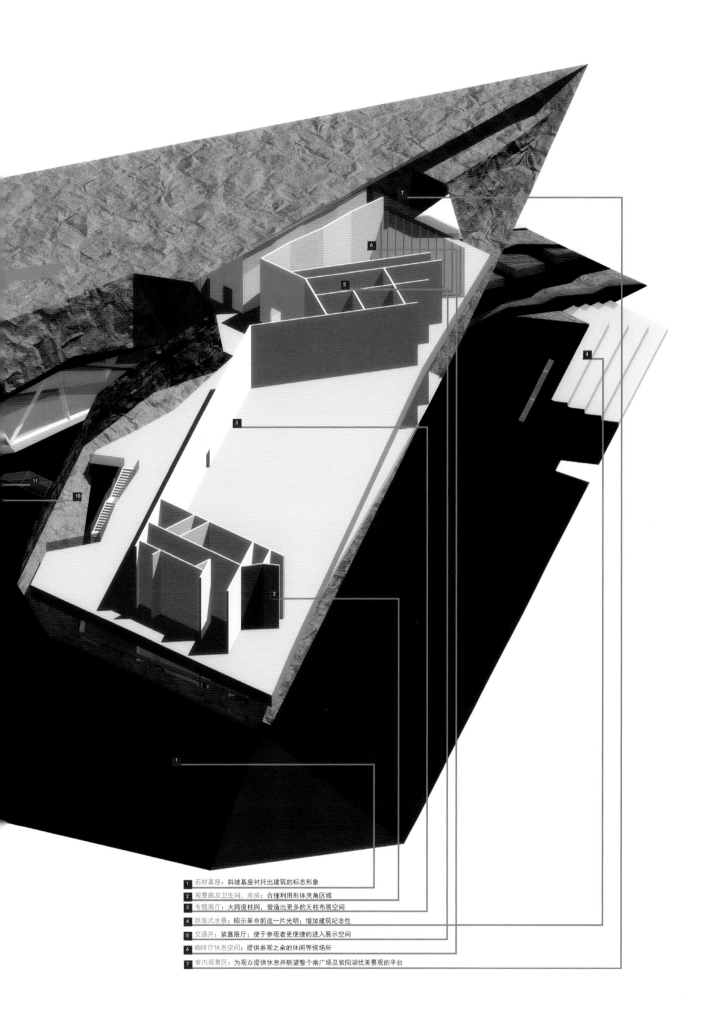

1 石材基座：斜坡基座衬托出建筑的标志形象

2 观景廊及卫生间，库房：合理利用形体夹角区域

3 专题展厅：大跨度柱网，营造出更多的无柱布展空间

4 跌落式水景：昭示革命前途一片光明；增加建筑纪念性

5 交通井；紫露展厅；便于参观者更便捷的进入展示空间

6 咖啡厅休息空间：提供参观之余的休闲等候场所

7 室内观景区：为观众提供休息并眺望整个南广场及紫阳湖优美景观的平台

19 空间关系与功能数字模型图

20

21

20 三层休息区
21、22 二层休息区

23

23 序厅
24、25、26、27室内展厅

24

25

26

27

29

30

31

32

29、30、31、32 学术报告厅

建筑造型

　　建筑造型具有标识性和象征性，既反映时代特征、地方特色，又与首义文化区和武昌老城区的整体景观相和谐。"V"字形的形体削弱了三角形的体量，缓坡台基减少了建筑物的高度感，使建筑体量与高度与红楼、蛇山及周边建筑相协调，体现出肃穆、凝重的纪念风格。

　　方案依其特有的历史、地理环境，进行了独特的设计构思。以展现"首义精神"为主线，强调纪念氛围的营造，追求庄严肃穆的空间形象。

　　北广场的主入口两边的墙面如同自由的旗帜引领觉醒的民众冲破封建专制的桎梏。中间的折面造型象征着历史的峡谷。

　　南面广场高高翘起的部分形成"人"字的造型，揭示了辛亥革命成功后，人民成为了历史的主人及以人为本的理念。

　　建筑造型融现代手法与首义精神为一体。通过简洁的线、面关系，塑造出刚毅、挺拔的视觉效果。

　　建筑外墙采用粗糙的表面肌理，利用自然雕琢、风化的纹理，创造出整个建筑"破土而出、浑然天成"的艺术效果，塑造出建筑的沧桑感和雕塑感。

　　建筑外墙采用红色石材，既暗示着革命的流血牺牲，又与红楼的建筑色彩相得益彰，在充分体现地域特色的基础上，实现与首义文化区和武昌老城区的整体景观相和谐；局部采用LOW-E玻璃幕墙增加通透性，减少能耗及光污染。

　　总之，建筑造型抽象地概括了辛亥革命的贡献，表达出积极向上、锐意进取的意味。以"破土而出"的气势，体现了求新求变、勇立潮头、敢为人先的革命精神。

35 博物馆夜景

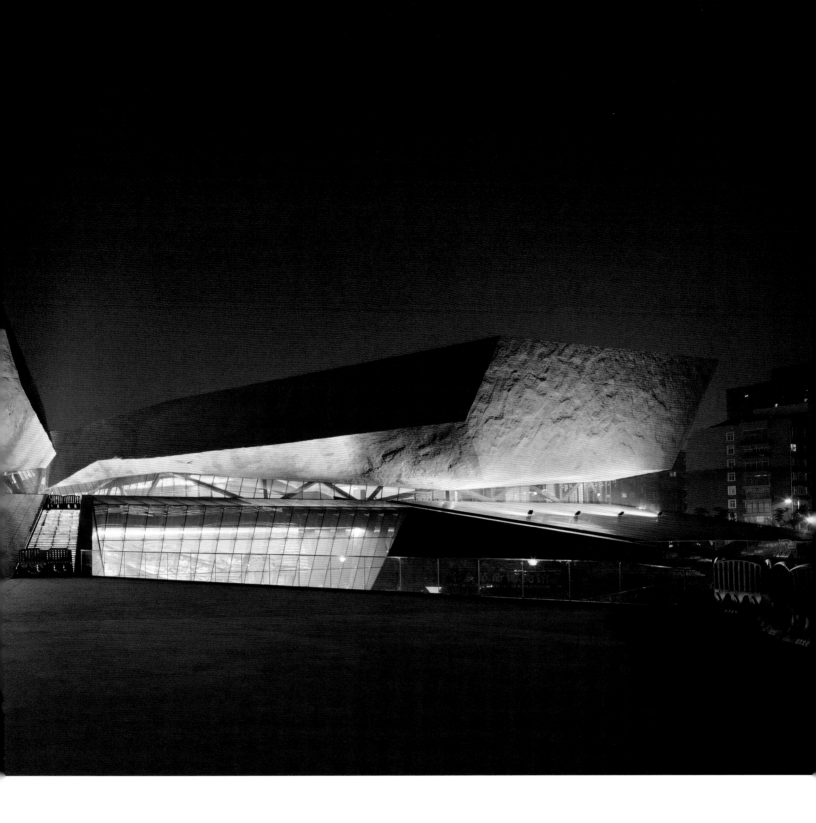

38

37、38 博物馆夜景
39、40 博物馆立面图

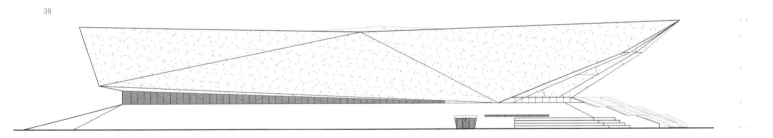

39

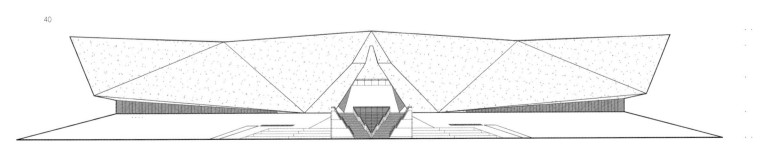

40

刀耕斧凿

近年来，由于GRC具有轻质、高强、艺术质感好的特性，其造型多变、色彩丰富、分块灵活，能够很好地表达建筑的精神特质及特殊的艺术场景氛围，因此在国内一大批博物馆建筑工程和大型公共建筑项目中得以广泛应用，几乎成为一种时代的趋势。

博物馆近景

外墙设计

为了形成自然雕琢的肌理效果，选择适当的外墙材料成为项目实施的一个重要因素。我们对博物馆的外墙材料进行了多种比选，主要有天然石材、混凝土挂板、GRC等。

天然石材作为传统的建筑装饰材料，具有硬度高、质感好、耐久性好的特点。但其可塑性差、色彩难以控制，同时石材的分块尺寸也相对较小，外墙肌理的连续性难以保证。

混凝土挂板的可塑性和颜色可以达到设计要求。但其自重相对较大，受此限制，挂板分块尺寸较小，外墙肌理的连续性难以保证。

1

中国红　　　　　　　　　　　　水晶红

印度红　　　　　　　　　　　　红霞

花岗岩

砂岩

GRC挂板是以耐碱玻璃纤维作增强材料，水泥为胶结材料制成的轻质、高强的新型无机复合材料。GRC在国外已有很多成熟的案例，近年来在国内一大批博物馆建筑工程和大型公共建筑项目中得以应用。它的优势在于分块灵活且分块尺寸较大，能够保证肌理的连续性，能够更好地表达建筑的精神特质及特殊的艺术场景氛围；同时挂板轻质、高强的性能大大减少了混凝土的用量，其低碳环保的特性更符合武汉"两型社会"的精神特点。

最终，通过多方面的比较，决定采用GRC挂板作为辛亥革命博物馆外墙材料。通过实际实施效果来看，基本达到了肌理的连续性及粗糙感。

3

1 石材样品图
2、3 博物馆二层观景平台近景图

4

5

4 1:50模型制作
5 局部肌理样品
6 现场技术交流
7 1:25泥模制作
8、9、10 1:1泥模制作、确认

6

7

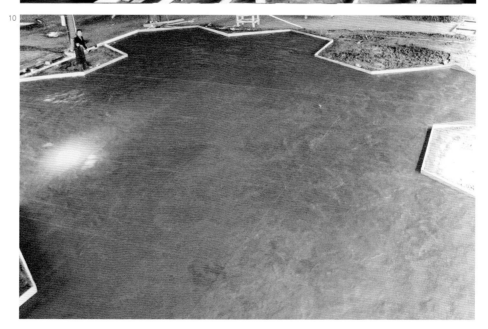

11 模板浇筑
12 脱模成型
13 模板分割
14、15 构件成型

14

15

16 现场安装
17、18、19 安装过程

16

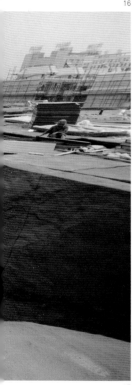

17

18

19

勇立潮头

从辛亥革命博物馆（新馆）设计伊始，高效先进的设计理念就深深植入了博物馆的设计建设的轨迹。项目在建筑外墙、结构、数字化设计方面采用了多项新技术，使之跻身当代先进的博物馆建筑行列。大跨度悬挑桁架的应用使结构布置与建筑造型和使用功能协调一致，三维数字化设计技术在复杂形体设计定位方面给予了强有力的保证。

博物馆近景

新技术探索

　　博物馆北面的八字墙是多边形不规则形态，由多个形状不同、大小各异的三角形折面组合而成，这一复杂的空间形体用常规的设计工具和方法都难以实现精确定位。我们尝试了3DMAX、REVIT、RHINO等多种三维设计软件，最后采用RHINO软件实现了三维空间的准确定位。在追求建筑造型的同时，我们也希望建筑的形式与结构的关系达到高度统一。

　　与结构工程师经过多轮协商，最终采用折板空间钢架的结构体系，建筑表皮的三角形斜柱既作为外墙支撑骨架，又作为楼层竖向支撑结构，进行一体化设计，前厅室内再也没有垂直的常规梁板结构，达到了建筑与结构形式的完美统一。

1　折板钢架电脑模型
2、3　二层休息区折板钢架

1

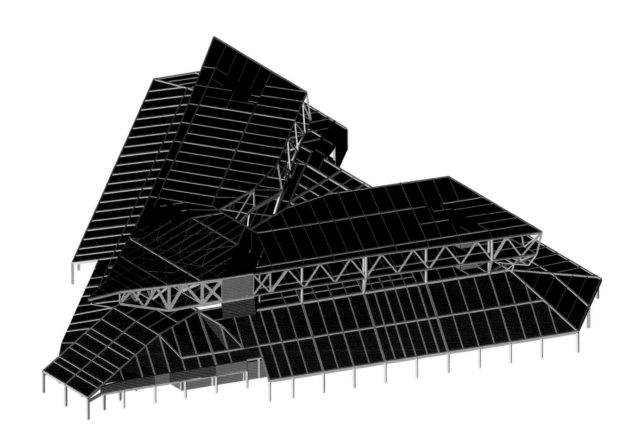

4

5

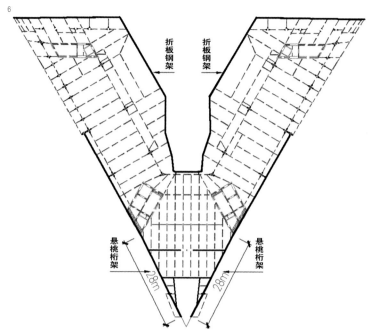

折板钢架

折板钢架

悬挑桁架

悬挑桁架

28m

28m

V形屋面顶部及其下层楼面悬挑，跨度28m。结构布置时，充分利用了建筑外形提供的有利条件，每边各设1榀整层楼高钢桁架，作为屋盖的主受力体系，主桁架之间利用建筑分隔辅以三榀联系桁架，同时在三层及屋面的楼板平面内设置水平支撑，以加强结构的侧向刚度，避免楼盖产生横向和竖向振动，保证桁架整体稳定。设计中对悬挑部分及支撑悬挑结构剪力墙、柱按中震弹性设计，并进行竖向地震及变形验算；考虑了桁架拼装过程对结构受力的影响，并对悬挑部位的楼板进行振动的分析，验算楼板舒适度，结果显示结构受力合理，整体刚度大，结构布置与建筑造型和使用功能协调一致。

4、5 二层休息区折板钢架
6 悬挑桁架平面图
7 悬挑桁架现场施工图片
8 悬挑桁架按中震弹性的计算结果

V形中间部位两侧的建筑立面起伏翻折，底部为不规则形状的玻璃，上部为石材，形状不规则，内凹、外突的情况较多，结构采用斜交网格组合折板式钢架结构，共有17个面，36条棱线，投影长度为110米,外表面积约为1500平方米。外立面空间折板钢架既作为外墙支撑骨架，又作为楼层竖向支撑结构，进行一体化设计，保证幕墙内外一致的凹凸效果。空间折板钢架构件布置灵活，能够满足建筑凹凸起伏的需要；结构基本单元采用三角形，整体刚度大，变形小，有利于降低结构变形对幕墙的影响。

　　由于折板钢架受力复杂，抗震性能目标确定为中震弹性，需要考虑竖向地震和构件安装过程对结构受力的影响。

　　为确定折板钢架的屈曲稳定性，对其进行了弹性稳定分析，得到结构的屈曲临界荷载，并进一步得到构件的计算长度，作为构件承载力设计的依据。节点设计：为满足建筑美观要求，空间折板钢架构件连接全部采用相贯焊接节点构造，相比铸钢节点缩短了制作周期，同时也降低了造价。

　　空间折板钢架构件定位采用了定位线（面）加节点详图联合表达的方式。控制线确定了构件的近似摆放位置，节点详图反映了构件准确位置与控制线的相对关系，两者结合定位的处理方式减低了构件定位的难度，保证施工定位的准确性。完成的结构满足建筑的造型目标。

　　折板钢架节点均采用支管相贯于主管的构造形式。由于各节点构造均不完全相同，计算选取了典型的节点构造形式，考虑壁厚及主支管夹角的影响，得到不同情况下的节点承载力，再应用于一般节点的设计。节点承载力的计算采用ANSYS分析软件。

9

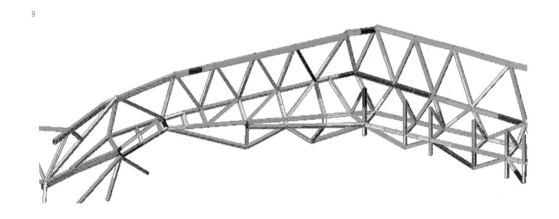

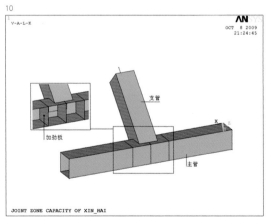

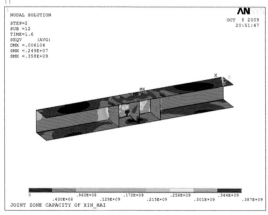

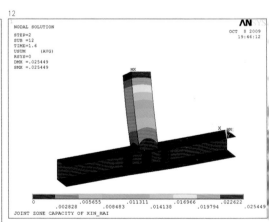

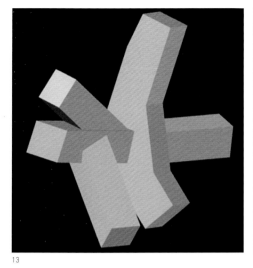

13

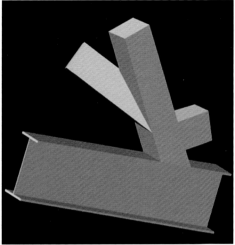

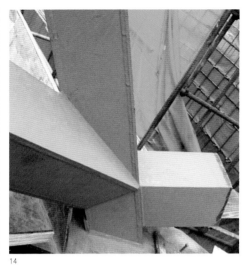

14

15

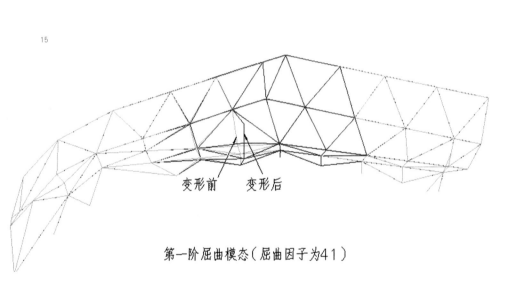

变形前　　变形后

第一阶屈曲模态（屈曲因子为41）

16

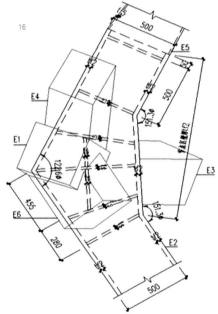

9　折板钢架中震弹性计算结果（考虑构件安装过程）
10　节点区构造
11　主钢管应力图
12　节点区变形
13　设计中的三维节点模型
14　节点现场施工图片
15　折板钢架稳定分析
16　三维节点构造详图
17　节点详图辅助定位
18　点位线（面）和节点列表

17

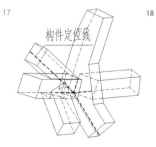

构件定位线

18

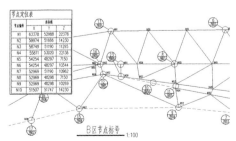

B区节点标号

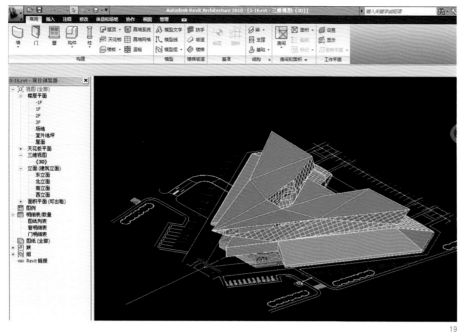

我们尝试探索对复杂形体建筑进行施工图设计的定位配合。在辛亥革命博物馆项目中，我们面对复杂的形体和空间，用传统方法遇到了困难，只有通过三维设计的途径才能有效地解决。

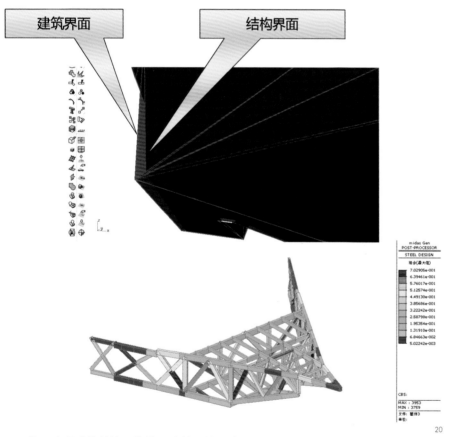

为了实现建筑结构一体化设计的目的，我们通过三维技术软件，克服了诸多困难，建构了建筑界面和结构界面的双层模型，既控制了建筑形体效果，也给结构专业提供了三维依据。整个建筑结构与形体完美的契合。

19 BIM模型
20 结构模型与建筑模型对接
21 建筑结构数字模型

21

23

追求卓越

辛亥革命博物馆（新馆）自开工建设到竣工验收，使得这一标志性且复杂梦幻的建筑形象从图纸中走到现实。过程中所面临的困难十分艰巨，但正是这些困难凝聚了多方的努力和智慧。使这些挑战变成了宝贵的经验，最终形成了卓越的成果。

辛亥革命博物馆二楼远眺区钢结构施工

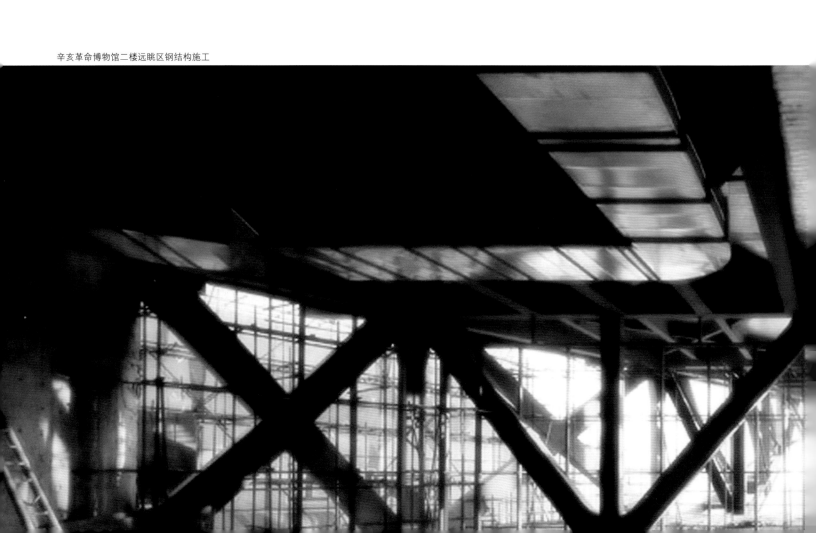

建设历程

　　辛亥革命博物馆（新馆）工程于2009年11月26日完成桩基工程，2010年4月9日进行了地下室桩基验收；2010年4月25日地下室结构封顶，7月27日进行了地下室结构验收；2010年10月23日主体结构封顶，11月10日进行了主体钢结构验收；12月4日主体结构工程验收；2011年9月水、电、风系统联合调试完成；9月20日装饰装修工程完成；2011年9月30日工程竣工验收。地下室混凝土结构采用承台、基础梁和底板的基础形式，钢结构基础采用埋入式和非埋入式两种形式。

1 施工过程
2 主体结构施工
3 悬挑结构施工
4 屋面GRC挂板施工

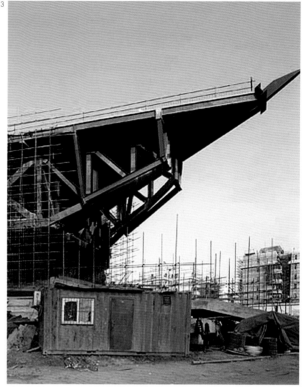

地下室共有74根直径800的圆柱，其中48根混凝土柱，26根钢管柱（有19根钢管柱采用环形牛腿梁与框架连接，5根钢管柱采用穿孔与框架连接），核心筒采用钢骨混凝土结构，共26根十字钢柱。

5

6

5、6、7、8、9 施工过程

7

8

9

10

10、11、12、13、14 施工过程

　　博物馆结构采用钢骨混凝土框架（局部钢管混凝土柱）–钢骨混凝土剪力墙结构，二层以上采用全钢结构。三层至屋面的V形对称大跨度悬挑钢桁架结构，桁架长度约70m，悬挑跨度约38m，悬挑端支撑高度为24.2m，悬挑部分总重约628吨、单榀桁架重约235吨，桁架分段吊装，最大的吊装单元约57吨，两榀桁架相交处飞檐翘角重约10吨。　V形中间部位室外空间两侧的建筑立面复杂，采用不规则网状折板空间钢架，既作为外墙支撑骨架，又作为楼层竖向支撑结构。

11

12

13

14

15

15、16、17、18 施工中的博物馆局部

　　GRC板是目前国内一种先进的粗纹理外墙装饰技术。其外表简洁明了，朴实大方而又大气磅礴，给人以强烈的返璞归真的自然感。

18

16

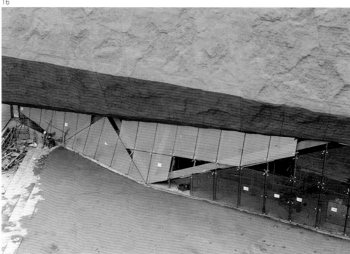

17

20

21

19、20、21 蓝天下的博物馆入口处

附录
APPENDIX

项目大事记
TIMELINE OF PROJECT

2008

6月	收到辛亥革命博物馆设计竞赛邀请
9月	递交第一轮设计投标文件
10月	递交第二轮设计投标文件

2009

4月	宣布中标
5月	设计方案调整汇报
6月	通过政府工作汇报
7月	确定建筑造型及总体规划布局
8月	通过建筑方案评审会
9月	初步设计文件递交
9月	辛亥革命博物馆通过初步设计审查
11月	施工图文件递交
11月	施工图文件通过审查
12月	博物馆第一棵桩开始施工

2010

	辛亥革命博物馆开工奠基仪式
2月	地下室施工
7月	地面 主体结构施工
10月	钢结构施工
12月	结构主体验收

2011	2月	建筑室内墙体施工
	4月	机电安装工程施工
	6月	建筑幕墙施工
	8月	室内装饰工程施工
	9月	通过全面验收
	10月	纪念辛亥革命·武昌首义100周年纪念大会
	10月	辛亥革命博物馆正式开展

后记
POSTSCRIPT

辛亥革命博物馆顺利竣工，辛亥革命百年纪念活动圆满完成。这本书记录的想法、文字和图片不仅仅为了说明项目的设计意图，更希望的是展示在3年时间中政府、建造方、设计方、施工单位和知名行业专家组成的"大团队"相互支持、通力合作，为共同目标而付出巨大艰辛劳动的过程。

辛亥革命博物馆有着在城市大发展和都市化进程背景下大项目的多种特征：投资大、承载多重社会使命、社会重点关注和总体时间紧迫。时间表在项目之初就已确定，3年时间里，设计和施工需无缝衔接。完成的每份图纸和浇筑出的每根柱子，基本没有回头路。所以，项目对我们的团队提出了全新挑战。

为了形成自然雕琢的肌理效果，选择适当的外墙材料成为项目实施的一个重要因素。我们对博物馆的外墙材料进行了多种比选，主要有天然石材、混凝土挂板、GRC等。

混凝土挂板的可塑性和颜色可以达到设计要求。但其自重相对较大，受此限制，挂板分块尺寸较小，外墙肌理的连续性难以保证。

GRC挂板是以耐碱玻璃纤维作增强材料，水泥为胶结材料制成的轻质、高强的新型无机复合材料。在国外已有很多成熟的案例，近年来在国内一大批博物馆建筑工程和大型公共建筑项目中得以应用。它的优势在于分块灵活且分块尺寸较大，能够保证肌理的连续性，能够更好地表达建筑的精神特质及特殊的艺术场景氛围；同时挂板轻质、高强的性能大大减少了混凝土的用量，其低碳环保的特性更符合武汉"两型社会"的精神特点。

最终，通过多方面的比较，决定采用GRC挂板作为辛亥革命博物馆外墙材料。通过实际实施效果来看，基本达到了肌理的连续性及粗糙感。

作为项目的参与者，设计团队感到无比自豪。希望辛亥革命博物馆在完成纪念建筑使命的同时，能成为当地居民生活的一部分。

致谢
ACKNOWLEDGEMENTS

辛亥革命博物馆的建设恰逢辛亥革命100周年纪念的重要历史时刻。从设计到建造的整个过程对CADI来说都是一个光荣而艰巨的任务。

感谢我们的设计团队，在设计过程中竭尽全力，克服困难，忘我地工作；感谢陆总工作室、第五设计院在项目管理和操作上取得的成绩，使整个项目渡过了一个又一个难关。

感谢业主单位及建设单位在项目建设中的大力支持，感谢社会各界对项目的持续关注。

辛亥革命恰逢一百周年，但愿我们的设计成果能够向社会交出一份合格的答卷。